远行……

© 民主与建设出版社，2018

图书在版编目（ＣＩＰ）数据

远行……/（英）劳拉·诺里斯，（英）克里斯·马
登著绘；叶显林译 . -- 北京：民主与建设出版社，
2018.4
书名原文：we travel so far...
ISBN 978-7-5139-2093-3

Ⅰ.①远… Ⅱ.①劳… ②克… ③叶… Ⅲ.①动物－
迁徙－儿童读物 Ⅳ.① Q958.13-49

中国版本图书馆 CIP 数据核字 (2018) 第 062811 号

著作权合同登记 图字：01-2018-2705 号

远行……
Yuan Xing……

出 版 人	李声笑	开 本	880*1230mm 1/16
总 策 划	张荣梅	印 张	4.5
著 者	[英] 劳拉·诺里斯	字 数	40 千字
绘 者	[英] 克里斯·马登	书 号	ISBN 978-7-5139-2093-3
责任编辑	程 旭	定 价	88.00 元
特约策划	董世杰	电 话	(010) 59417747 59419778
封面设计	茹 娜	社 址	北京市海淀区西三环中路 10 号
出版发行	民主与建设出版社有限责任公司		望海楼 E 座 7 层
版 次	2018 年 5 月第 1 版	邮 编	100142
印 次	2018 年 5 月第 1 次印刷	印 刷	北京利丰雅高长城印刷有限公司

注：如有印、装质量问题，请与出版社联系。

远行……

[英]劳拉·诺里斯 著

[英]克里斯·马登 绘

叶显林 译

民主与建设出版社

·北京·

目录

真实的故事······

这本书里的所有故事都无比的真实。
每一个故事都讲述了一种动物的奇妙旅程，有的发生在水下，
有的发生在空中，还有的发生在陆地上。

像它们这样有规律的长途跋涉，我们称作**迁徙**。

通常，动物会随着季节的变化进行迁徙。
有些动物迁徙是为了寻找食物，另一些则是为了去更合适的地方
寻找伴侣、生育宝宝。
对大多数迁徙的动物来说，这些原因都影响着他们的决定。

迁徙是动物的本能。
从出生的那一刻起，
就已经深埋在它们的生命中。

这本书讲述的只是地球上一部分迁徙动物的故事，
还有很多动物每年也会迁徙，

去完成远得让人难以置信的旅行。

下次，当你看到一只鸟从头顶飞过时，
没准儿它是从遥远的非洲一路飞过来的呢！

我们是 **棱皮龟，**
是海洋中破纪录的游泳能手。

为了吃上美味可口的水母，我们可以
游到10 000千米开外的地方寻找水母群。

经历了这么遥远的海洋漫游之后，我们还能循着来路，
回到多年前我们出生的海滩，产卵孵化下一代。
是不是很神奇？连我们自己都觉得非常不可思议。

9

我们是 **座头鲸，**

是长途游泳健将，海洋里的漂泊者。

冬天，我们游向温暖的热带海域。

那里是生儿育女的理想之地。

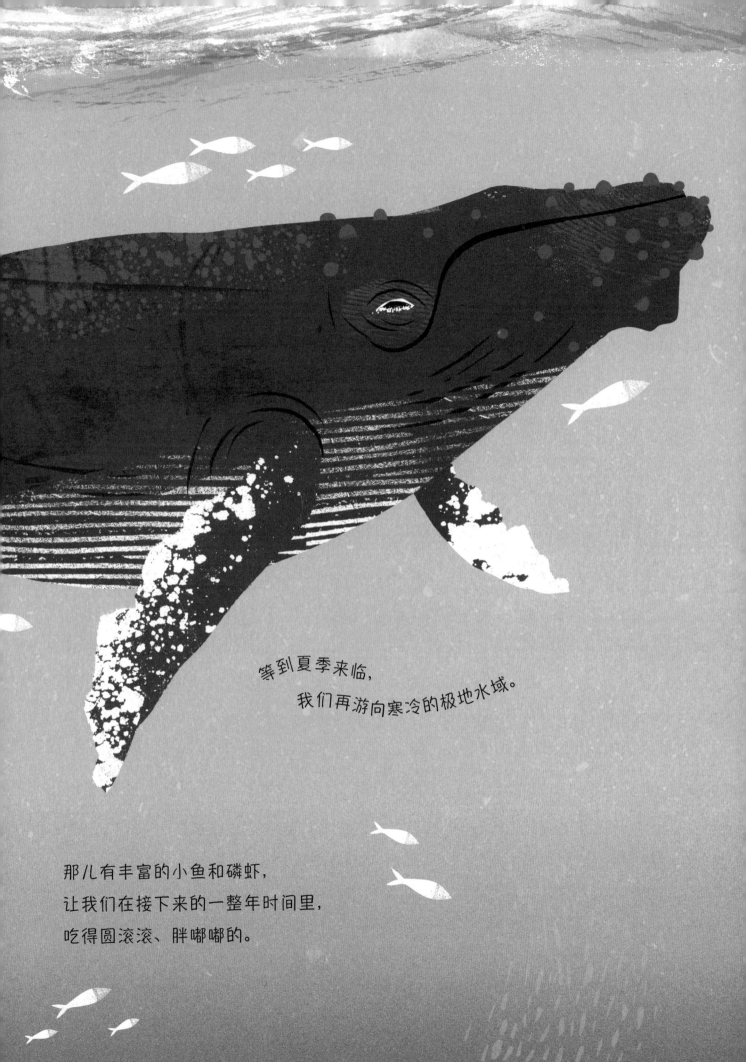

等到夏季来临，
　我们再游向寒冷的极地水域。

那儿有丰富的小鱼和磷虾，
让我们在接下来的一整年时间里，
吃得圆滚滚、胖嘟嘟的。

我们是 **红大马哈鱼。**

是逆流而上的勇士。

我们要穿过辽阔的海洋，踏上回归出生地河流的旅程。

现在，我们必须逆流而上，

迎着 **奔腾咆哮的瀑布，**

穿越 **湍急回旋的水流，**

躲过 **饥肠辘辘的大熊！**

终于来到水流平缓的的小溪，
我们将在这里产卵孵仔。

洄游的旅程就要结束了，
但新生的大马哈鱼不久就会孵化出来，
开始属于它们的海洋之旅。

我们是 **眼斑龙虾，**

是加勒比海的多刺虾族。

我们通常生活在加勒比海岸边的浅水中，
或是躲在有遮蔽的缝隙里。
温暖而又平静的海水是我们的最爱。

但是冬天来临的时候，
暴风雨会打破平静。

赶快！

我们必须游到深海里，
那里才不会被暴风雨搅得动荡不宁。

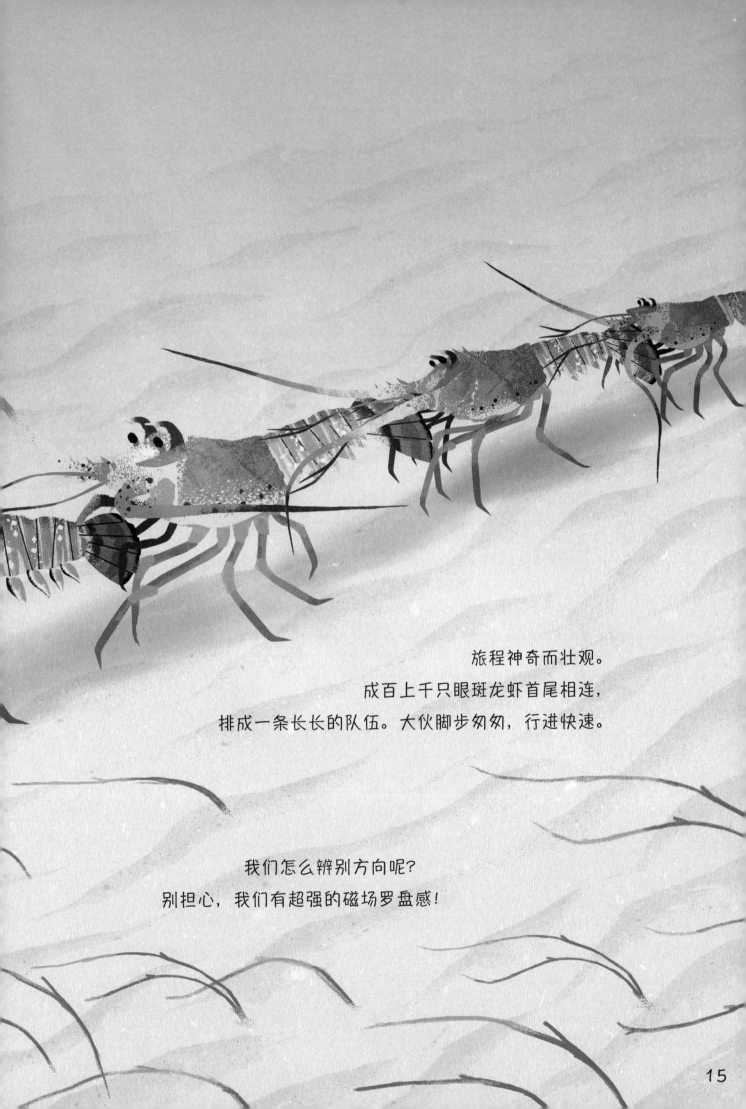

旅程神奇而壮观。
成百上千只眼斑龙虾首尾相连，
排成一条长长的队伍。大伙脚步匆匆，行进快速。

我们怎么辨别方向呢？
别担心，我们有超强的磁场罗盘感！

我们是 **海象，**

是拥有一身肥膘却仍然擅长游泳的海洋冒险家。

我们每年都要完成两次迁徙。

冬天，我们会待在墨西哥和加利福尼亚的海滩上产仔栖息。

在这三个月的寒冬季节里，我们靠身体里储存的脂肪提供能量。
冬天过去时，我们会变得很苗条，是时候出去寻找食物了。

春天一到，我们立刻出发奔向北太平洋。

我们一路游啊游！我们不停吃啊吃！

终于，我们又长胖了，这感觉可真好啊！

夏天到了，我们要再次游回海滩，完成褪毛换皮的代谢。

现在我们又要出发了！
在冬天来临之前，我们要去寒冷的北方寻觅食物了。

我们是**欧鳗**。

是拥有流线型完美身材的游泳好手。

大部分时间，我们都生活在淡水河里。

慢慢地**长大，**
变老，
直到……

我们来到咸水岸，

我们的眼睛会变大，

黑色的皮肤也慢慢变成闪闪发光的银色。

我们一路游过波涛汹涌的大西洋，
　　游到大西洋北部的马尾藻海。

我们在这里产下鳗卵。
　　鳗卵孵化成幼鳗。

最后，幼鳗又漂回淡水河里，长成年轻的鳗鱼，

然后再慢慢长大、变老，等待着下一次远行。

我们是 **红玉喉北蜂鸟，**

是暖血动物中输出能量最大的动物之一。

尽管我们还没有一枚1块钱的硬币重，
可我们每年的飞行路程却可达12 000千米。

春天，我们循着次第开放的花儿，

一路向北飞往北美的东部。

夏天，我们建巢育雏。

到了秋天，我们必须找到充足的食物。

我们要一路南下，飞向温暖的中美洲。

我们是四处漂泊的 **信天翁，**

是长着长长翅膀的驭风能手。

我们在惊涛骇浪间疾飞，我们在万里长空中翱翔。

一连好几个小时不停歇地

穿行在南大洋的狂风暴雨中。

我们夜晚进食，在波涛汹涌的海面停歇。

我们每两年才返回陆地一次。

我们找到喜欢的伴侣，
然后彼此舒展翅膀，翩翩起舞。

我们是 **黑脉金斑蝶。**

是一朵朵飘在空中的美丽橙色云彩。

很少有其他昆虫会飞得像我们这样远。

到了夏末，我们已经吃了
很多很多花蜜，变得胖嘟嘟的，
于是我们成群结队地飞向天空。

我们从加拿大和美国北部，
一路南下飞到加利福尼亚和墨西哥的海岸：
数以百万只蝴蝶一起飞。

到达冬天生活的家园之后，
我们一个挨一个，层层叠叠地悬挂在树上，静静睡去，
一直睡到第二年的春天。

25

我们是  **美洲鹤，**

是幽灵一样的白色飞行者。

我们一路飞过北美洲，飞到南方去过冬。

曾经，人类是我们的敌人。

我们被人类猎杀得所剩无几。

我们的栖息地也被人类霸占了。

但现在，人类成了我们的帮手。

虽然需要花费很多心思和时间，
　　但是我们正在尝试向他们学习如何辨认曾经飞过的路线。

　　瞧，我们正跟着美洲鹤形飞机
　　　　翱翔在辽阔湛蓝的天空中呢！

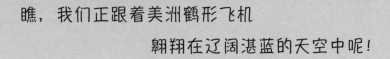

我们是 **果蝠**。

是夜的精灵，
也是香甜可口的零食爱好者！

我们喜欢过群居生活。
在非洲的树木上，
有成百万上千万只果蝠悬挂在那里。

等到卡桑卡国家公园里的果树挂满累累果实的时候，
我们便从四面八方飞到那儿大饱口福。

不是几只，也不是一群，而是多达八百万只哟！

我们是 **斑头雁。**

是飞行高度最高的纪录保持者！

在高高的云端，空气稀薄而寒冷。

这里没有太多的氧气可以呼吸，
但我们依然顽强地飞行。

我们可以连续好几个小时不停地振翅飞翔，飞过一座座高山。
即使黑夜来临，我们也从不停歇。

我们用力扇动翅膀，

扇啊，
扇！

看！高耸的喜马拉雅山就在我们下方呢！

我们是 **沙漠蝗虫，**

是一群到处掠夺食物的空中杀手。

平时我们喜欢独居，数量看起来也不多。

但当雨季来临，庄稼变得绿油油、
水嫩嫩的时候，我们的数量就会急剧增长。

仿佛一夜之间，
　　成百万上千万只蝗虫出现了！
　　我们经过时遮天蔽地，呼呼作响！

　　我们饥肠辘辘，
　　　　到处寻找掠夺食物。

我们飞到哪儿，哪儿的庄稼就会颗粒无收。

我们是 **北极燕鸥，**

是白昼的舞者。

我们追寻着夏天的脚步，
从北极飞向南极。

我们在北冰洋上产卵育雏。

34

然后带着小燕欧一路飞往南极洲。
在那里，我们尽情享受美味的鱼和磷虾。

我们小巧敏捷，足以周游世界。

我们是 **斑马,**

是塞伦盖蒂平原上一片独特的条纹海洋。

我们一辈子都在不停地行走。

凭借健硕的四蹄,我们到处寻找食物。

我们脾胃强健，牙齿坚固，
大口大口地咀嚼坚韧的干草毫不费力。

在我们身后，会留下一片片鲜嫩的绿草芽，
这是角马和瞪羚最爱的美食。

我们是非洲平原上的 **角马**，

是逐草而居的旅行者。

我们追寻着雨水的印记，朝着绿草茵茵的地方不断迁徙。

我们需要时刻保持 **警惕：**

横穿陆地的时候，狮子是我们的劲敌。

涉水过河的时候，需要小心地避开鳄鱼！

我们成群结队，努力前行。蹄声隆隆，气势如虹。

是角马！

上百万只角马！
放眼望去，浩浩荡荡不见尽头！

我们是 **北极熊。**

是踏冰而行的猎捕者。

我们一直期盼着冬天来临。

我们期待海水结冰。

踏着冰面去远行。

我们可以在刺骨的北冰洋里捕猎。

我们越走越远，幼仔也在行走中逐渐变得强壮。

它们将学会在白茫茫的冰天雪地里求得生存。

假如这个世界变得暖和起来，冰块就会融化消失。
没有了冰，我们就没有可以猎捕的地方了。

当世界开始变得温暖而潮湿，我们该何去何从呢？

我们是 **红蟹**，

是圣诞岛的统治者。

我们生活在雨林里，
喜欢吃植物的叶子和种子。

抵达海岸需要花费我们近一个星期的时间：
　　蓝色的海水和红色的蟹潮，会构成一幅美丽的画作。
　　我们为什么要来到海岸边呢？

　　因为我们需要在涨潮时产卵，
　　　　潮水会把它们冲进咸咸的海水中，随波漂流，孵化成小蟹。

等到秋雨来临时，
我们就该出发了。

一条横着爬行的红色蟹河
急速地涌向大海！

43

我们是 **束带蛇，**

是冬天里的睡客。

每年秋天，我们都会钻进地下的洞穴。
成百上千条蛇挤在一起，在沉睡中度过寒冷的冬季。

春天来了，我们钻出洞穴，
阳光照在皮肤上暖洋洋的。

我们 **暖和** 了！

我们 **醒** 了！

我们 **准备好** 寻找伴侣了。

现在，我们该回到夏季的家园了。

我们住在池塘边、小溪附近的草丛里、灌木丛里。

我们不像其他动物那样需要长途跋涉，
但我们的旅程会像时钟一样准时。
姿态各异的各种蛇沐浴在阳光下，
好像一条美丽的蛇纹地毯，美极了！

我们是 **北美驯鹿，**

是寒冷的北方披着厚厚皮毛的旅行者。

每年，我们都会排着长队蜿蜒前行，

走向其他动物不曾到过的地方。

为了不陷入深深的积雪，我们迈开宽大而厚实的脚掌，
踩着前鹿留下的脚印缓缓前进。

春天，我们一路向北，沿途享受着茂盛的青草。

秋天，我们再调头向南，在积雪中翻找地衣补充能量。

不久，我们又将重新踏上北上的旅程。

我们是 **蟾蜍，**

是平凡却不畏艰险的勇者。

我们的旅行通常是穿越花园和田地，
有时也会穿过溪流和马路。

每年，我们都会回到池塘中繁育后代。
那儿也曾是我们孵化出来的地方。

我们在凉爽、潮湿的夜晚启程。

不论路上遇到什么，我们都会跨越过去，继续前进。

我们成群结队，勇往直前。

我们是 **非洲象，**

是非洲大草原上的庞然大物。

我们穿行在茂密的草丛中，

沙沙，沙沙。

我们在干旱的土地上前进，

嘭，

嘭嘭！

我们的女王在队伍前面引领着我们。
她是我们当中最年长、最强壮的母象。
她知道哪里能够找到水源和食物。

每逢旱季，水源枯竭时，
口干舌燥的大象们聚到一起，组成了庞大的象群。

我们阔步向前，直至找到水源。

我们是 **挪威旅鼠，**

是忙忙碌碌的挖穴工。

我们生活在挪威的高地和苔原上，总是为挖洞忙个不停。

我们不停地啃啊，挖啊；我们不断地吃啊，睡啊。

我们生儿育女，照顾它们。

在食物充足的年头，我们会生很多很多鼠宝宝。

我们需要更多的地盘！也需要更多的食物！

我们该怎么办呢？

我们会毫不犹豫地钻出洞穴，
　　　　离开家乡，去寻找新的居所。

我们是 **帝企鹅，**

是冰天雪地里的漫步者。

跟我们走吧，看看我们是怎么摇摇摆摆地
穿行在大块浮冰上的吧。

企鹅宝宝还等着我们去喂食呢。

我们的伴侣正等着我们去换班，

她们还要长途跋涉，返回大海里去抓鱼。

快到了！

我已经看到我们的领地了！

一个个可爱的黑色小脑袋从白白的肚皮上探头往外看呢！

我们是**加拉帕戈斯陆鬣蜥。**

是掘地逐热的火龙。

我们生活在费尔南迪纳岛的熔岩地带，
那是一个遥远的小岛。

我们准备产卵的时候，一段艰难而漫长的旅程就开始了，
我们要一直爬到火山的边缘。

到那之后，我们在松软的火山灰中挖建洞穴。
火山的热量会一直温暖着我们的卵，
直到它们孵化成小宝宝。

我们是生活在地球上的 **人类。**

我们会因为各种各样的原因开始一段旅行。

有时是为了探险。

有时是为了寻求真谛。

有时是为了生计。

有时是为了释放自我。

有时是为了更安稳的生活。
有时则是为爱而行。

作为人类，
我们从未停止脚步。

世界地图

你能画出这本书里提到的动物走过的路线吗?

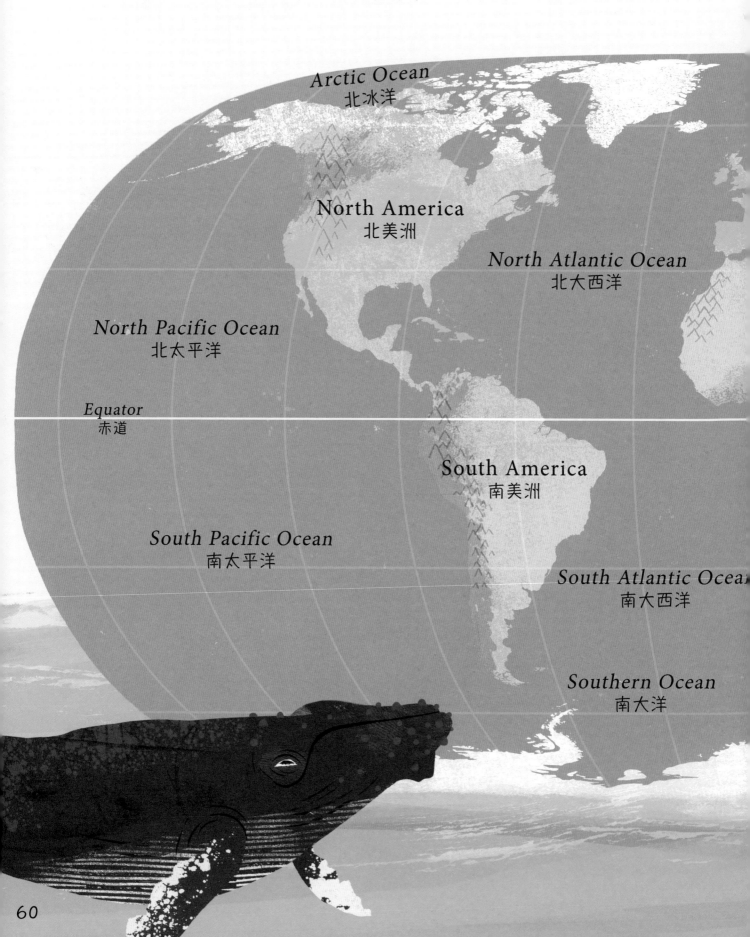

Arctic Ocean
北冰洋

North America
北美洲

North Atlantic Ocean
北大西洋

North Pacific Ocean
北太平洋

Equator
赤道

South America
南美洲

South Pacific Ocean
南太平洋

South Atlantic Ocean
南大西洋

Southern Ocean
南大洋

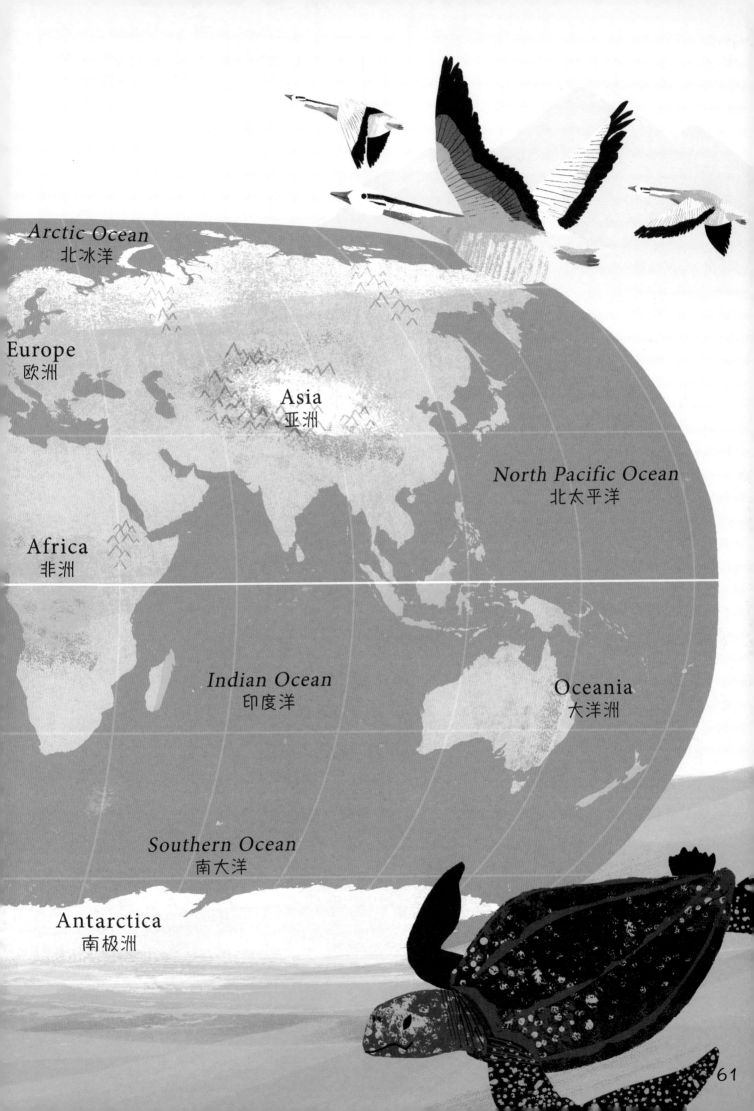

Arctic Ocean
北冰洋

Europe
欧洲

Asia
亚洲

North Pacific Ocean
北太平洋

Africa
非洲

Indian Ocean
印度洋

Oceania
大洋洲

Southern Ocean
南大洋

Antarctica
南极洲

迁徙图鉴

这里记录了书中所有动物迁徙的路线和距离，快来看看你是否还记得它们吧。

水下远游者

棱皮龟

旅行距离：每年16 000千米

迁徙路线：温暖的育雏地和寒冷的进食地之间

活动范围：主要在大西洋、太平洋和印度洋热带和温带水域

眼斑龙虾

旅行距离：单程50千米

迁徙路线：在冬天从沿岸的浅水海域游向深水海域

活动范围：加勒比海、墨西哥湾以及从美国的北卡罗利纳州至巴西的大西洋西部水域

座头鲸

旅行距离：单程8 200千米

迁徙路线：从夏季的北极进食地到冬季的热带育雏地

活动范围：所有的海洋

海象

旅行距离：雄海象每年21 000千米
雌海象每年18 000千米

迁徙路线：冬天的时候从深海的进食地回到陆地上的育雏地

旅行范围：北美洲的太平洋海岸，也就是加利福利亚和下加利福利亚附近的海滩和岛屿

红大马哈鱼

旅行距离：沿河流逆行远达1 600千米

迁徙路线：从深海水域沿河流逆流而上，前往淡水湖泊与河流中寻找伴侣，产卵孵仔

活动范围：从白令海峡到日本，从阿拉斯加到加利福利亚

欧鳗

旅行距离：远达8 000千米

迁徙路线：成年欧鳗从欧洲的淡水河流与湖泊游向西大西洋的马尾藻海。幼鳗则随着洋流漂回到淡水河流中

空中迁徙者

红玉喉北蜂鸟

旅行距离：单程远达6 000千米

迁徙路线：从北美洲东部的夏季育雏地到中美洲的越冬地

果蝠
旅行距离：单程远达2 000千米

迁徙路线：从非洲赤道地区的进食地，向非洲的南北方向飞行大约三个月，以季节性水果为食

信天翁

世界纪录保持者！最长的翼展（3.5米）

旅行距离：远达20 000千米

迁徙路线：能够在南大洋上空环航南极洲，寻找食物

斑头雁

世界纪录保持者！

有纪录的飞行高度最高的旅行者！

旅行高度：10 000米以上

迁徙路线：飞越喜马拉雅山山脉

黑脉金斑蝶
旅行距离：远达4 600千米

迁徙路线：一条是从美国东部与加拿大的育雏地带到墨西哥的冬季栖息地；另外一条是从美国东部的育雏地到加利福利亚的冬季栖息地

沙漠蝗虫
旅行距离：每天可飞行130千米，整个行程可达成千上万千米

迁徙路线：从撒哈拉沙漠以南的非洲和中东地区的经常性活动区域到非洲周围的地域、南欧和亚洲

美洲鹤

旅行距离：单程远达4 000千米

迁徙路线：从北部内陆的育雏地（主要地点是加拿大的野牛国家公园）到南部沿海的越冬地（主要地点是得克萨斯州的阿兰萨斯国家野生动物保护区）

北极燕鸥
世界纪录保持者！

有纪录的飞行距离最远的鸟类（96 000千米）

旅行距离：每年大约80 500千米

迁徙路线：从北极的育雏地（北半球的夏季时间）到南极洲（南半球的夏季时间）

陆上远足者

斑马

旅行距离：每年远达3 200千米
迁徙路线：在东非的塞伦盖蒂平原与马塞马拉
　　　　　国家公园之间跟着雨季环行

角马
旅行距离：每年远达3 200千米
迁徙路线：在东非的塞伦盖蒂平原与马塞马拉
　　　　　国家公园之间跟着雨季环行

北极熊
旅行距离：每年远达1 125千米
迁徙路线：从冬季冰冻的北冰洋洋面到夏季加
　　　　　拿大北部冻原地带、格陵兰岛与俄
　　　　　罗斯

红蟹
旅行距离：单程远达4千米
迁徙路线：从内陆的雨林到印度洋圣诞岛的海岸

束带蛇
旅行距离：单程大约20千米
迁徙路线：从冬季的冬眠洞穴到夏季的湿地栖
　　　　　息地

挪威旅鼠
旅行距离：远达160千米
迁徙路线：一个地方的旅鼠数量暴增，迫使它
　　　　　们向数量较少的地方迁移。每隔三
　　　　　五年，这样的迁移就会发生一次

北美驯鹿

世界纪录保持者！
旅行距离最长的陆地哺乳动物。
旅行距离：每年远达5 000千米
迁徙路线：加拿大、格陵兰岛、阿拉斯加、
　　　　　俄罗斯北部与挪威、芬兰之间

蟾蜍
旅行距离：在50米到5千米之间
迁徙路线：从冬季的冬眠地到
　　　　　春季的繁殖池塘

非洲象

旅行距离：大约几百千米
迁徙路线：在非洲的热带草原上
　　　　　随着季节变化寻找食物、
　　　　　水和伴侣

帝企鹅

旅行距离：每次旅程远达160千米
迁徙路线：从南极洲冰面的育雏地到
　　　　　海洋的进食地

加拉帕戈斯陆鬣蜥

旅行距离：单程远达16千米
迁徙路线：在加拉帕戈斯群岛
　　　　　的费尔南迪纳岛上，爬向拉昆
　　　　　布雷火山口，在温暖的火山
　　　　　灰中产卵